U0301700

作者手记

北极熊是一种列入“易危”保护级别的受威胁物种。

进入 20 世纪以来，北极熊一直是人们休闲狩猎，获取食物、皮毛、传统手工艺材料的对象。到了 20 世纪 50 年代，不加管制的休闲狩猎和获取皮毛等捕猎行为已经严重威胁到它们的生存。

直到 1973 年，《国际保育北极熊协定》才正式签署生效，该协定禁止人类对北极熊进行任何休闲和商业狩猎行为。至此，人类才开始合法保护北极熊及它们的生存环境。

目前，北极熊最大的生存威胁就是气候变迁。北极熊主要依靠浮冰来猎捕食物，但是由于全球气温升高，北极冰川在夏初就开始融化，一直到秋末才会结冰。这就意味着北极熊在夏季的几个月中捕食猎物的机会大大减少。当饥饿的北极熊体重过轻时，这种等待浮冰凝固、猎物归来的时间可能就太长了。

北极熊是一种聪明、爱玩、好奇的动物。在保护自然界其他生命的过程中，我们也需要保护北极熊和它们的栖息环境。只有我们承诺去保护我们的地球，北极熊才能够真正在它们的北极家园繁殖、兴盛。

图书在版编目（CIP）数据

北极熊 / (美) 詹妮 · 德斯蒙德著绘 ; 张东君译. -- 武汉 : 长江少年儿童出版社, 2018.1
书名原文: the polar bear
ISBN 978-7-5560-6893-7

Ⅰ. ①北… Ⅱ. ①詹… ②张… Ⅲ. ①熊科－儿童读物 Ⅳ. ①Q959.838-49

中国版本图书馆CIP数据核字(2017)第256216号
著作权合同登记号：图字17-2016-409

北极熊

[美] 詹妮 · 德斯蒙德 / 著 · 绘　张东君 / 译
责任编辑 / 傅一新　佟　一　王惠敏
装帧设计 / 刘芳苇　美术编辑 / 杨　念
出版发行 / 长江少年儿童出版社　经销 / 全国新华书店
印刷 / 深圳市星嘉艺纸艺有限公司
开本 / 889 × 1194　1 / 12　4印张
版次 / 2023年12月第1版第11次印刷
书号 / ISBN 978-7-5560-6893-7
定价 / 55.00元

The Polar Bear

by Jenni Desmond
Originally published by Enchanted Lion Books, 351 Van Brunt Street, Brooklyn, NY 1123, USA

策划 / 海豚传媒股份有限公司
网址 / www.dolphinmedia.cn　邮箱 / dolphinmedia@vip.163.com
阅读咨询热线 / 027-87677285　销售热线 / 027-87396603
海豚传媒常年法律顾问 / 上海市锦天城（武汉）律师事务所　张超　林思贵　18607186981

THE POLAR BEAR
北极熊

[美] 詹妮·德斯蒙德 / 著·绘　　张东君 / 译

长江出版传媒 | 长江少年儿童出版社

BROWN BEARS
HUSKY DOGS
monsters
TIGER
ICY SEAS
KAYAK
IGLOO
THE ZEBRA & HIS FRIENDS

很久很久以前，有一个小女孩儿，

她从书架上发现了一本关于北极熊的书……

她从书中读到，北极熊又叫作白熊。这种巨大的哺乳动物绝大部分时间都待在北冰洋的冰雪世界里。在春天和秋天，漂浮着的海冰被北极熊巨大的身体压裂，然后冰缝里出现一些水路；在夏天，海冰完全融化，北极熊可就没有办法捕猎了；到了冬天，北极熊又可以在一大片非常坚固的冰面上到处寻找美味的猎物。

北极熊生活在地球最北端的北极地区，包括美国（阿拉斯加）、加拿大、格陵兰、挪威以及俄罗斯。在夏天，北极的太阳总是不会落下。但是到了冬天，太阳就总是不会升起，只有月亮、星星，以及发出绿色光芒的北极光会带来一点点光亮。

冬天的气温实在太低了，呼出的气体马上就会结冰。刺骨的寒风、让人什么都看不见的暴风雪以及变化莫测的冰面，形成了北极独特的气候环境，而北极熊每年都得在这样的环境中生活好几个月。尽管如此，它们还是能够保持着和我们一样的体温，这可多亏了它大大的身体、粗壮的四肢、双层的皮毛、坚固的藏身所，以及皮下厚厚的脂肪层。

毛茸茸的小耳朵

深褐色的眼睛

蓝/黑色的舌头

42颗长长、尖尖的牙齿

浓浓的口臭

长长的脖子

长长、粗粗的腿

北极熊进化出长长的脖子，它们在游泳时能够把头伸出水面呼吸，在猎捕海豹时可以把头伸进冰洞里。和母熊相比，公熊的脖子更加粗壮，因为它们要跟其他的北极熊相互战斗。公熊也有着更大的身体、更长的牙齿以及更宽的头部。

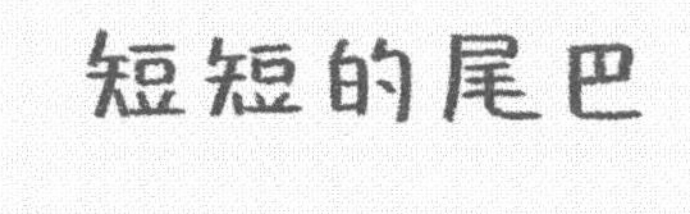

它们发出噗噗、嘶嘶、
呜呜、咕噜咕噜的叫声

巨大的脚掌

北极熊有着巨大的脚掌，走路时稍微有点内八字。脚掌有 33 厘米长，尺寸跟巨大的餐盘差不多。它们的脚掌很适合挖洞和游泳，还能像雪鞋一样，让它们在厚厚的积雪里或破碎的冰面上行走时能够分散体重。当海冰开裂的时候，北极熊就会趴下来，用肚子贴着水面匍匐前进。

北极熊的每只脚掌都有五只锋利而又强壮的爪子，还有布满了小疙瘩的粗糙的小爪垫，就像篮球的表面那样。这些爪子和爪垫让北极熊能够紧紧地贴住海冰而不打滑。

当皮毛打湿了以后，北极熊就会像狗狗一样使劲地抖动全身，把皮毛上的水珠和冰屑全都甩掉。

北极熊的毛有两层：柔软的内层毛；油乎乎的、硬硬的、闪亮的、透明的、中空的防水表层毛。

虽然北极熊在明亮的阳光下看起来是白色的，但你知道吗？它的表层皮毛其实更像是黄色或灰色的，而它的皮肤实际上是黑色的。

蓝鲸
北极熊

北极熊差不多有两个 7 岁小孩从头到脚加起来那么高。公熊可以长到 2.74 米，而母熊要小一些，通常不会超过 2.44 米。

成年公熊的体重有 454 千克左右，和 20 个 7 岁小孩差不多重！相比之下，成年母熊的体重就轻多了，只有公熊的一半（227 千克）；不过，母熊也不是永远不能像公熊那么重，比如怀孕的时候。

北极熊的视力跟我们人类差不多，不过它们的眼睛多了一层膜，就好像眼睛里面戴着一副太阳眼镜一样。这层膜可以保护它们的眼睛不受极光的伤害，也让它们可以在水中睁开眼睛。

北极熊的听觉也跟我们人类差不多，但是它们的嗅觉可就敏锐多了，鼻子是北极熊最敏锐的器官。北极熊能够嗅到几千米以外的海豹，还能依靠嗅觉找到同伴，侦察危险，找到自己的孩子。有时，为了从空气中获得更清晰的线索，北极熊还会伸直后腿站起来。

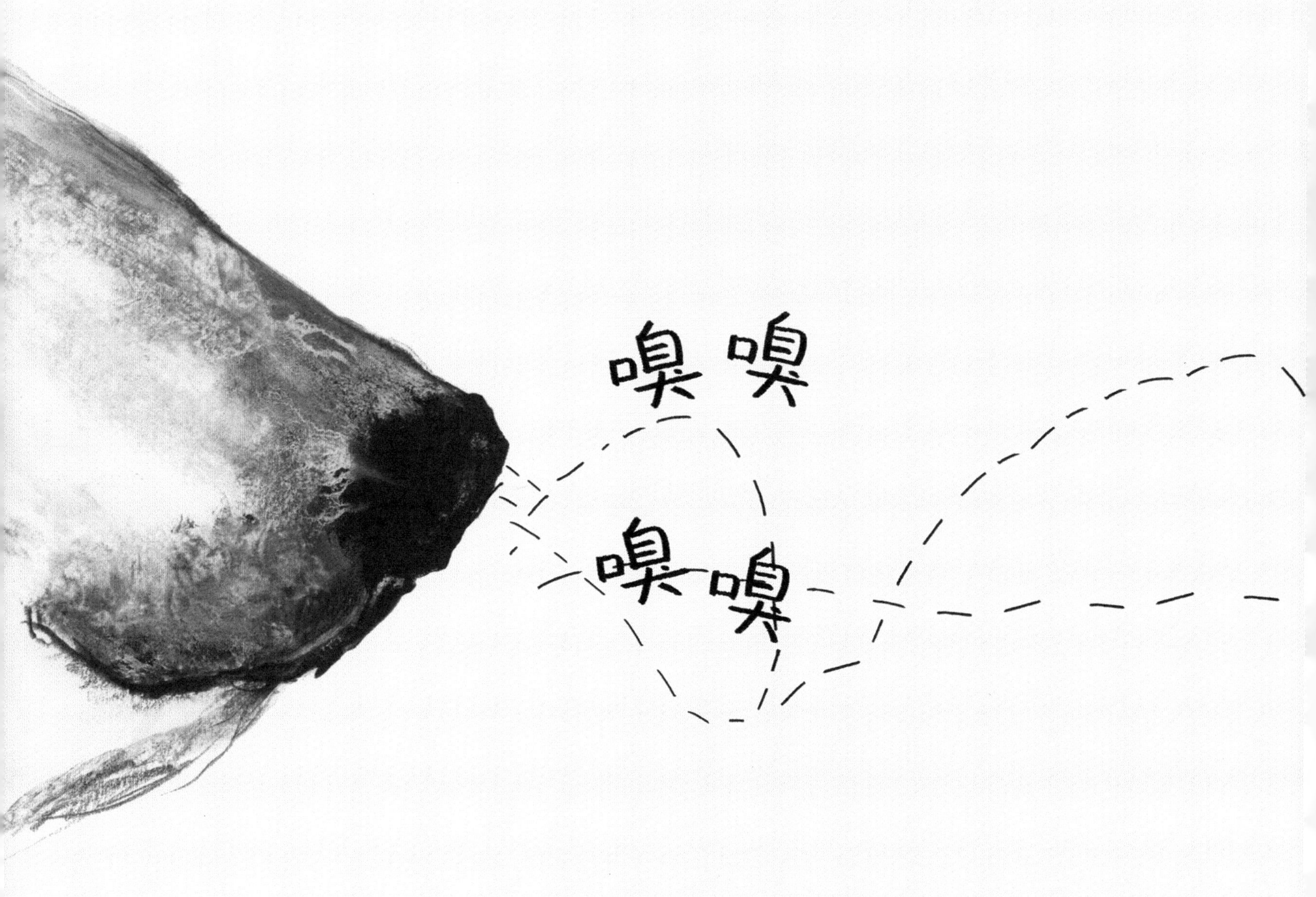

在野生状态下，北极熊可以活 20 至 25 年。作为独居动物，北极熊大部分时间都是独自生活。不过，为了交配、抚育小熊或是分享大份的食物，例如搁浅在岸上的鲸的尸体，它们也会和同伴一起出现。

饲养在动物园里的北极熊不需要面对野外严酷的天气，也不必四处费力寻找食物，所以它们能够活到 40 岁以上。

就像我们利用树干的年轮来推算树木的年龄一样，科学家们也可以通过计算北极熊牙齿上的圈数来估算北极熊的年龄。

对北极熊来说，最好的狩猎时间是在春末。此时海冰开始融化，在逐渐变薄的冰面上更容易捕捉到海豹。北极熊的主要食物是胖胖的环斑海豹，不过它们也会捕食髯海豹、竖琴海豹、冠海豹，有时也会捡白鲸、海象、一角鲸、露脊鲸等动物的尸体来吃。

觅食似乎很困难，不过还好，北极熊并不是每天都得吃东西。一头成年的海豹足以让北极熊 11 天都不会饿肚子。不过当夏天来临时，海豹都会游向开放的水域，北极熊的猎物就会大大减少。然后，北极熊可能就会连续三个月没有东西吃，直到海冰重新结冻。

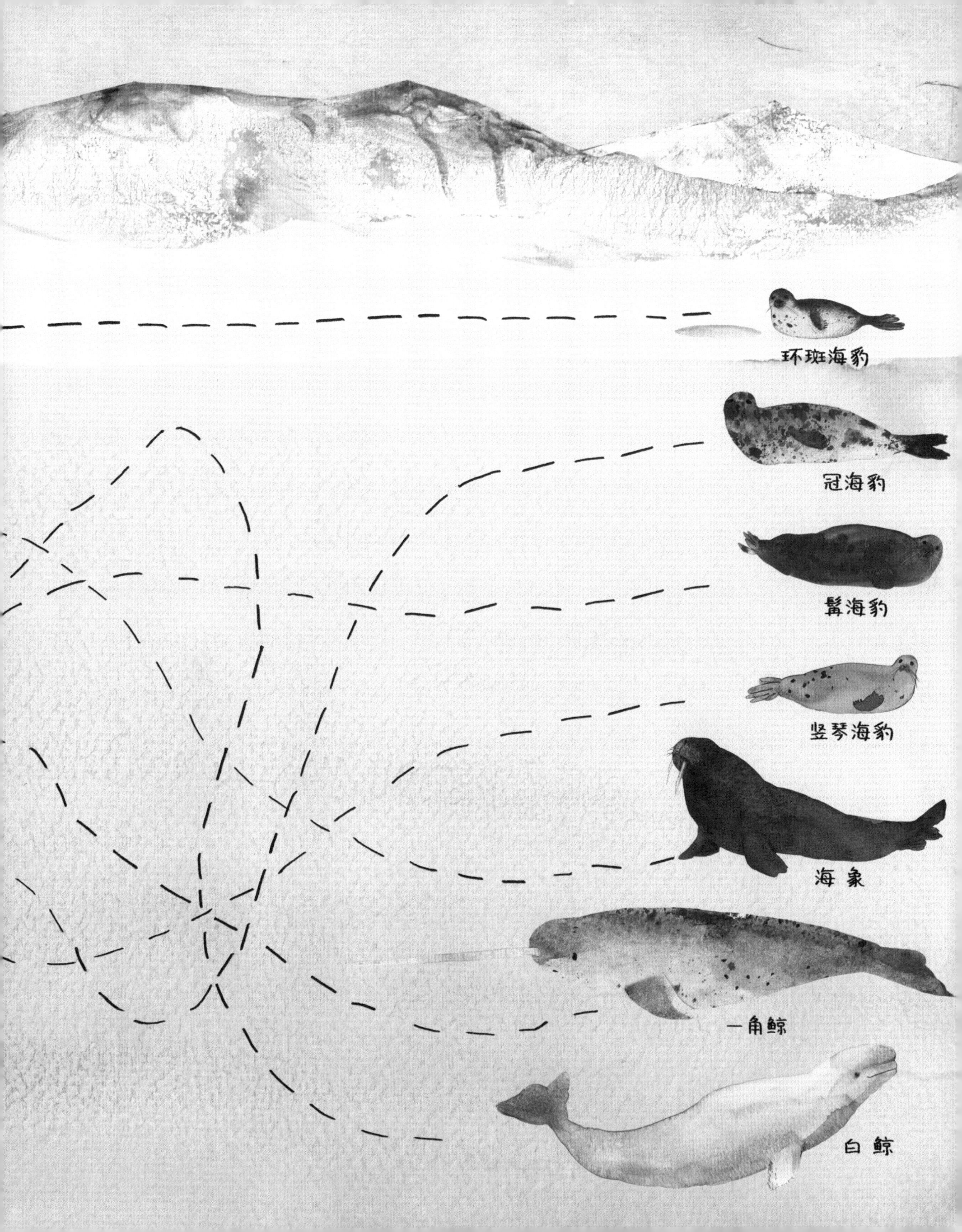
环斑海豹
冠海豹
髯海豹
竖琴海豹
海象
一角鲸
白鲸

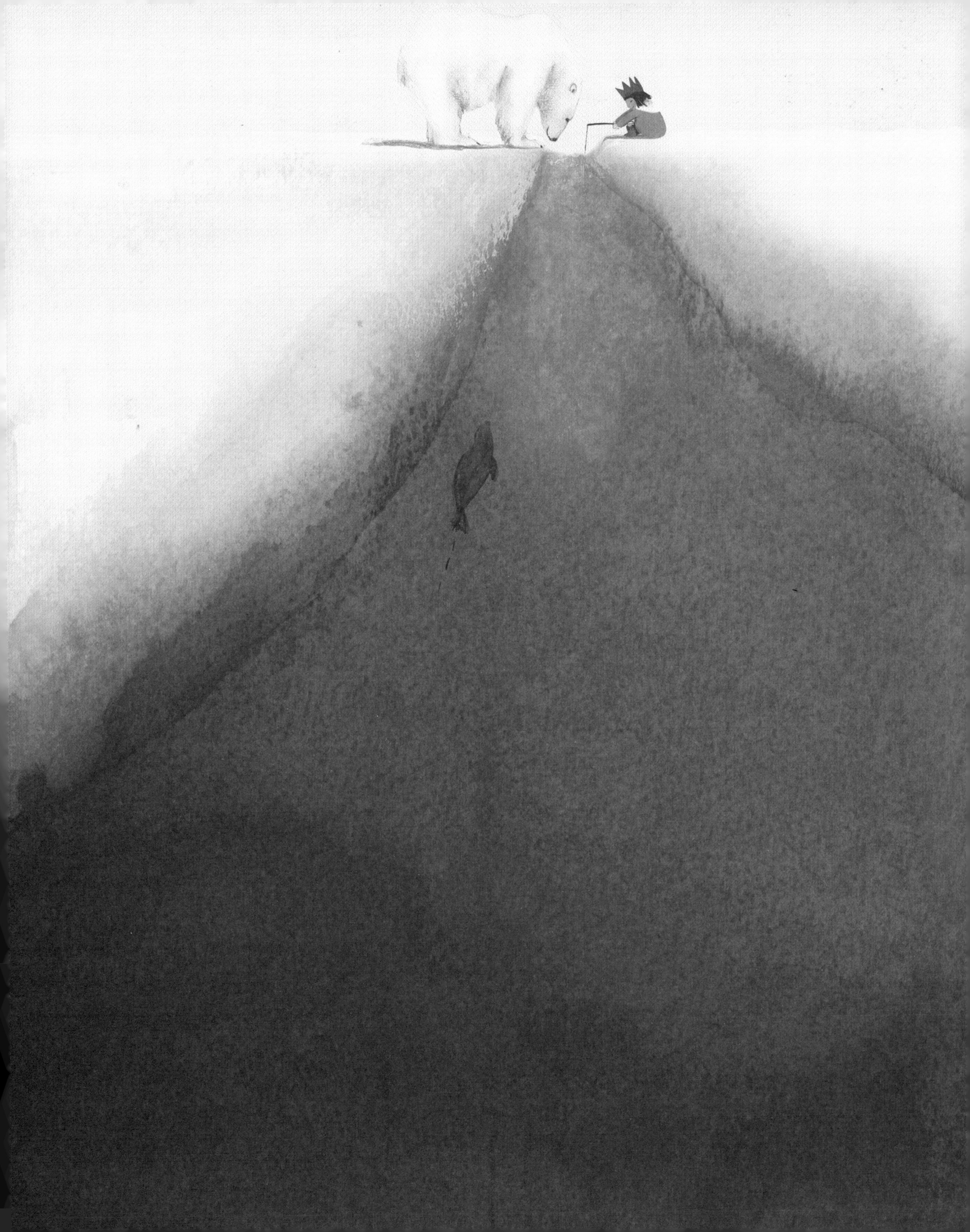

北极熊有三种不同的狩猎方式。最常用的一种：在冰面上的洞口守株待兔，等待海豹浮出水面，然后一口咬住海豹，把它们拉到冰面上来。

第二种：悄悄接近已经在冰面上的海豹，然后全速冲刺去捕捉它。北极熊的奔跑速度比跑得最快的人类还要快，但这种状态只能维持短短的几秒钟。

最后一种：如果北极熊闻到了隐藏在冰面下的海豹幼崽的小洞穴，它就会伸直后腿站立，然后用前掌使劲地凿开冰面，接下来它就可以饱食一窝小海豹了。

海豹是警觉性很高的动物，游泳速度比北极熊更快，所以只要海豹进入水里，北极熊就很难抓到它们了。北极熊猎捕海豹的成功概率只有二十分之一。为了生存，一头北极熊每年需要吃掉差不多 40 只环斑海豹。北极熊总是会先吃脂肪和外皮，因为大部分的能量都储存在那里。不过海冰太咸了，所以北极熊也会从海豹的脂肪中获取水分。

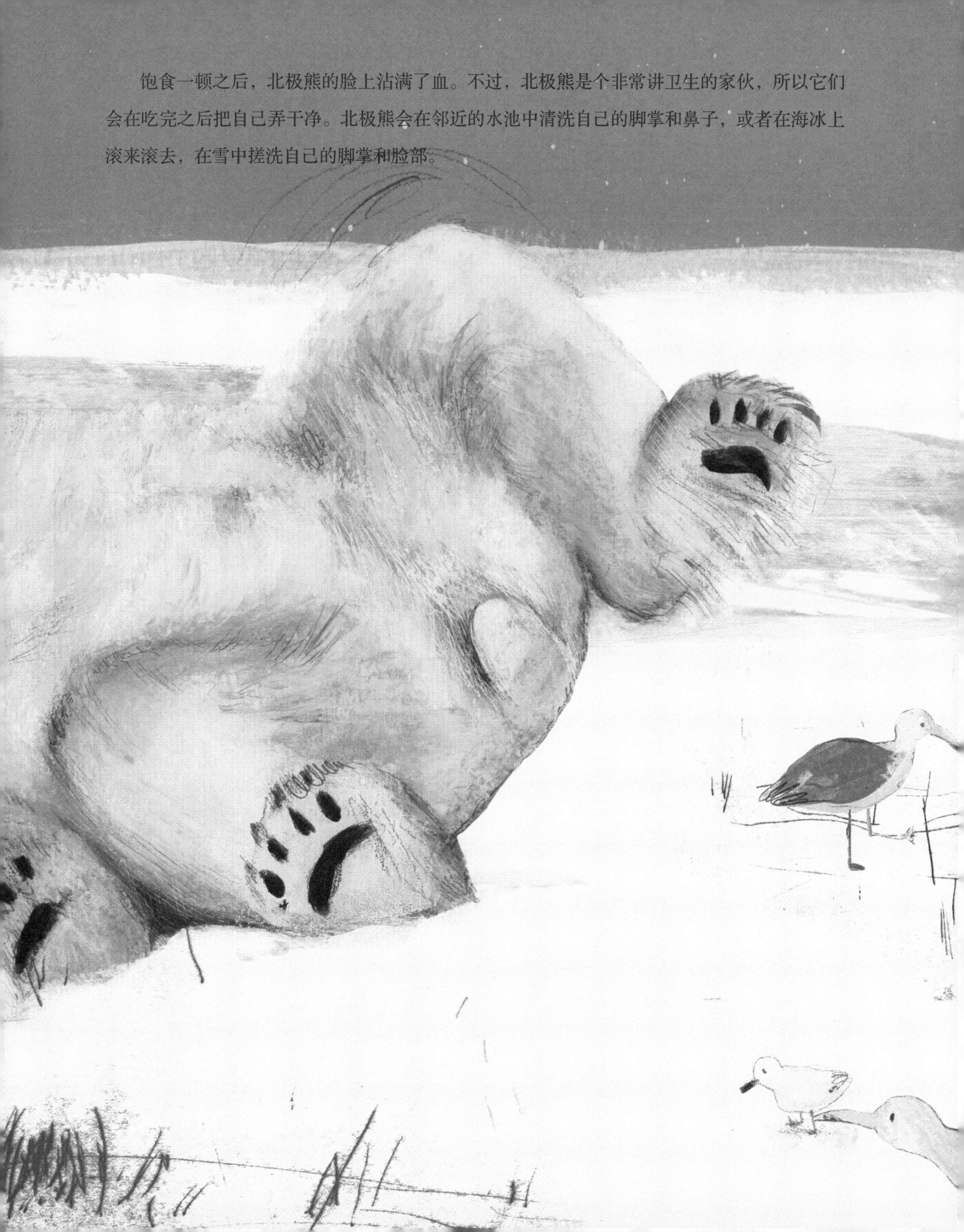

饱食一顿之后，北极熊的脸上沾满了血。不过，北极熊是个非常讲卫生的家伙，所以它们会在吃完之后把自己弄干净。北极熊会在邻近的水池中清洗自己的脚掌和鼻子，或者在海冰上滚来滚去，在雪中搓洗自己的脚掌和脸部。

北极熊喜欢在有许多水道、裂缝和水池的海冰上散步，因为这里更容易捉到海豹，它们一整年都会待在北冰洋附近几十万米宽的海冰区域，这片区域就是它们的“活动范围”。在这里，海冰总是随着海水晃动、破裂和漂移。这些漂浮的海冰被称为“浮冰”。

破裂之后的浮冰移动得非常快，还会把待在浮冰上面的北极熊带离自己的活动范围。不过，成年北极熊的方向感超级强，而且还是强壮的长距离游泳健将，它们一般都能找到回家的路。厚厚的脂肪和中空的毛发让它们能够漂浮在水面上；圆乎乎的前掌让它们的狗刨式泳姿格外有劲儿；而后腿则可以帮助它们控制方向；北极熊还能够在水下憋气两分钟呢！

春天是北极熊交配的季节，公熊会沿着母熊的气味找到母熊，然后完成交配。不过通常公熊还得打败其他的竞争者才能完全得到母熊。两周后，公熊将带着从血淋淋的搏斗中留下的伤疤离开。

在春天的交配完成之后，如果母熊的身体储存了足够的脂肪，到了秋天它就会怀孕。因此，在春天和夏天，母熊会四处觅食；到了秋天，如果母熊体重太轻就不会怀孕；而没有怀孕的母熊整个冬天就只能继续捕猎了。

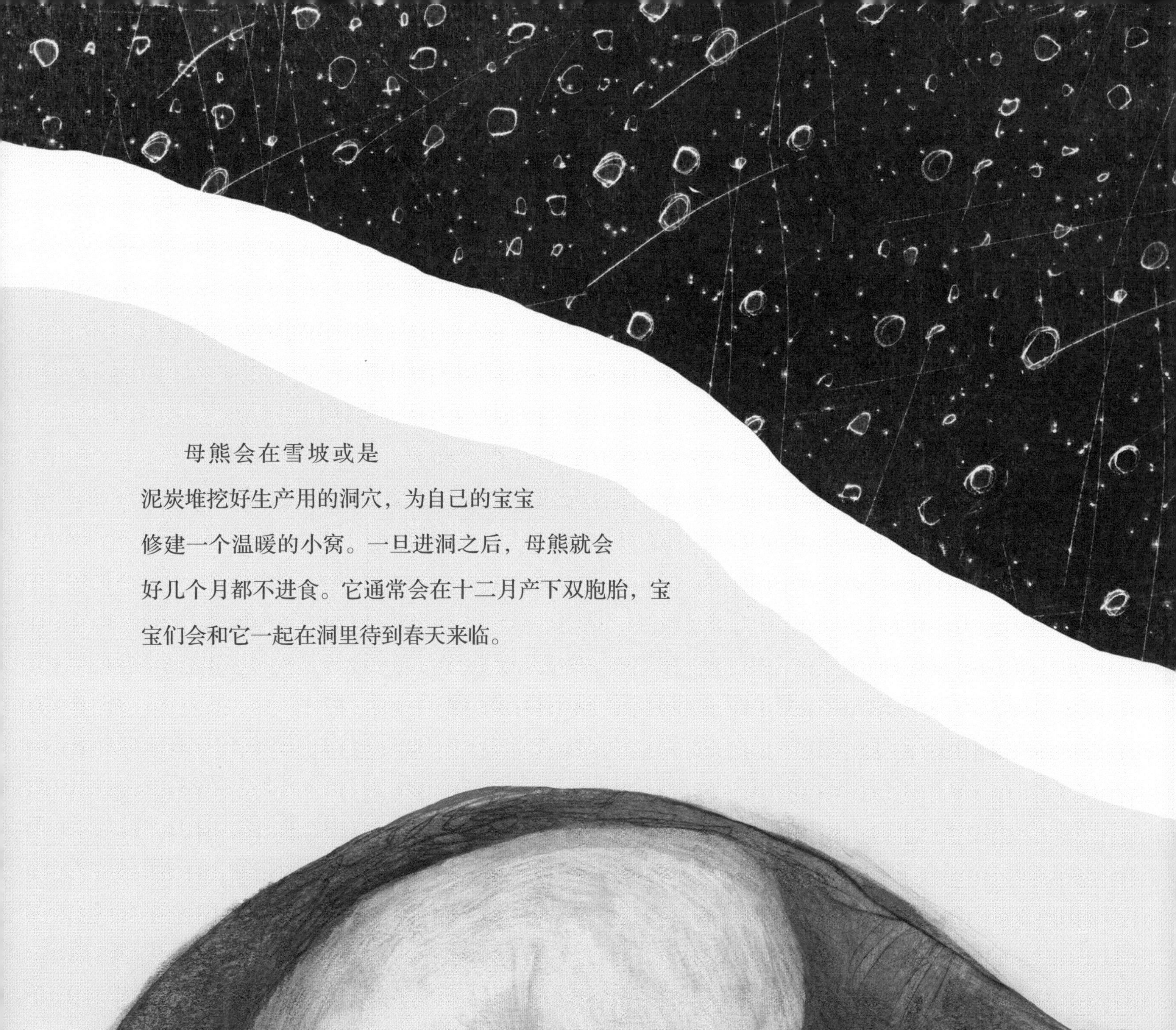

母熊会在雪坡或是
泥炭堆挖好生产用的洞穴，为自己的宝宝
修建一个温暖的小窝。一旦进洞之后，母熊就会
好几个月都不进食。它通常会在十二月产下双胞胎，宝
宝们会和它一起在洞里待到春天来临。

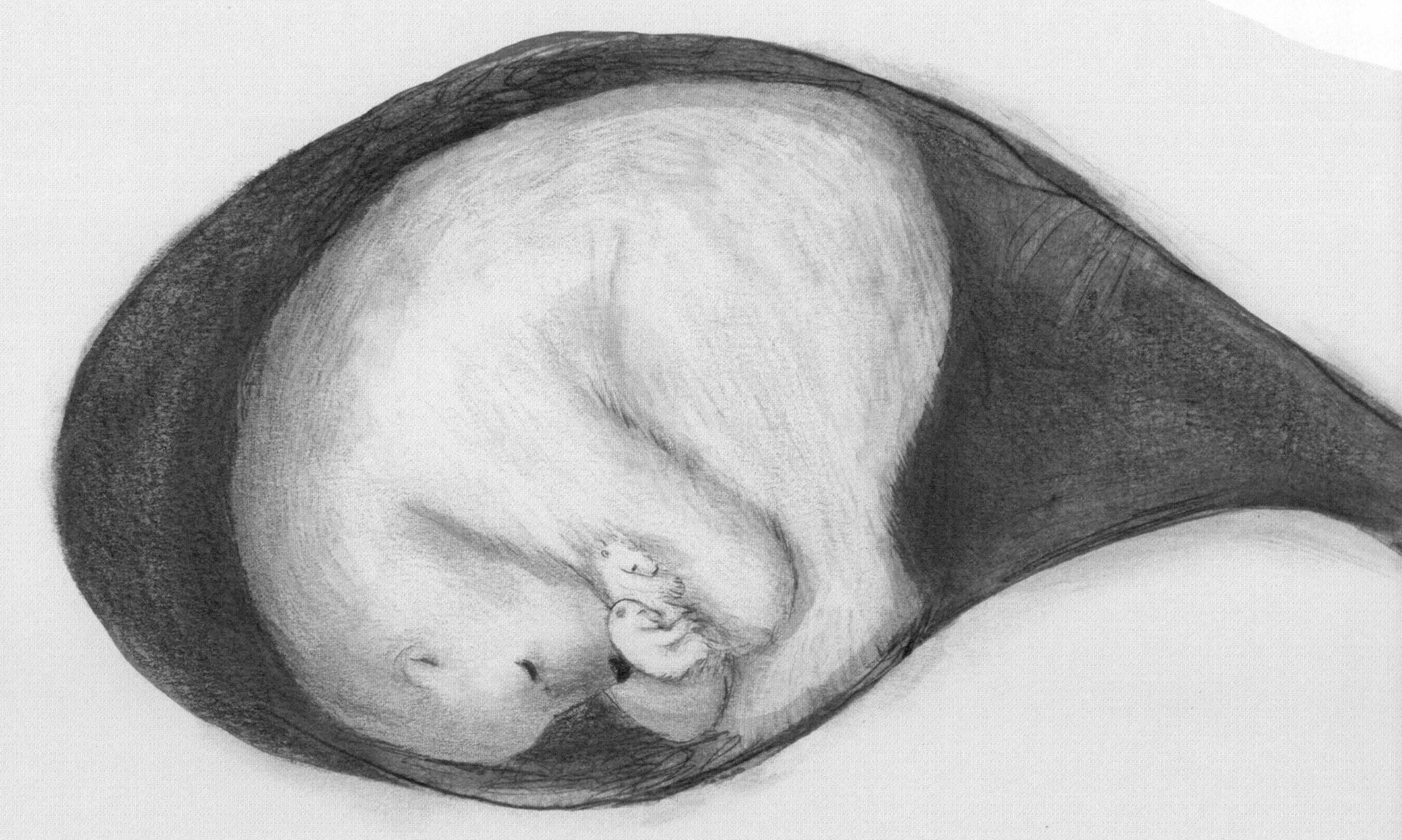

北极熊宝宝刚出生的时候是粉红色的，
大小跟天竺鼠差不多，全身长满了柔软的短毛。
一直到满月之前，它们的眼睛都还闭得紧紧的。

北极熊宝宝在妈妈富含营养和脂肪的母乳喂养下长得非常快。三个月之后，它们就已经十分强壮了，能够跟妈妈一起到海冰上去玩耍，妈妈也就可以开始捕猎了。

熊宝宝大部分时间都在追逐、嬉戏、摔跤，在小山丘上滑来滑去。小熊会注意并模仿妈妈的一举一动。熊妈妈告诉它们在自己捕猎时要乖乖地躺着不动，不过，它们有时候还是会吵吵闹闹地把猎物吓走。熊宝宝一般会在三岁左右离开妈妈，但那时它们还不是优秀的捕猎者，所以在捕猎技术提高之前，它们只能靠吃动物的尸体过活。

北极熊并不会冬眠哦。但是它们很喜欢睡觉，并且在任何时间、任何地方都可以睡着。跟人类一样，它们也有很多种睡姿。在暖和的日子里，它们会伸直腰背、四脚朝天，或者直接肚子着地趴着睡。在寒冷的暴风雪中，它们会蜷缩成一团，拿一只脚掌遮住鼻子来保温，并且让雪像毯子一样盖在它们身上。

当食物短缺或是天气恶劣的时候，大部分的北极熊就会在睡眠中度过漫长的时间。夏天，在冰雪完全融化的地区，北极熊可能会将一半的时间都花在睡觉上。因为没有海冰，它们很难找到食物，休息和节省体力就很有必要了。

zzz

跟北极熊一样，人类也很喜欢在舒适的地方窝着，看着心爱的书慢慢入睡，然后进入甜美的梦乡……